FASHION BRIDE
风尚新娘
发型设计实例教程

Daisy（李纯）编著

人民邮电出版社
北京

图书在版编目（ＣＩＰ）数据

风尚新娘发型设计实例教程 / 李纯编著. -- 北京：
人民邮电出版社，2018.5
ISBN 978-7-115-47889-4

Ⅰ．①风… Ⅱ．①李… Ⅲ．①女性－发型－设计－教
材 Ⅳ．①TS974.21

中国版本图书馆CIP数据核字(2018)第060006号

内 容 提 要

这是一本新娘发型设计的实例教程。书中的新娘造型以简洁和实用为主。全书内容主要分为三大部分：24 款森系新娘造型、13 款韩式新娘造型和 16 款复古新娘造型。每一组造型都通过精美的图片、清晰的步骤和详细的文字向读者展示了新娘发型设计的技巧和手法。希望读者通过练习，能够找到发型设计的精髓所在，并将学到的知识运用到实际的工作中，做到举一反三。书中还穿插了很多赏析作品，可让读者开阔眼界，拓展思路。

本书适合婚礼跟妆师、新娘造型师使用，同时也能作为影楼和培训学校的参考书。

◆ 编　　著　Daisy（李纯）
　　责任编辑　赵　迟
　　责任印制　陈　犇

◆ 人民邮电出版社出版发行　　北京市丰台区成寿寺路 11 号
　　邮编　100164　　电子邮件　315@ptpress.com.cn
　　网址　http://www.ptpress.com.cn
　　天津市豪迈印务有限公司印刷

◆ 开本：889×1194　1/16
　　印张：15.5　　　　　　　　　2018 年 5 月第 1 版
　　字数：530 千字　　　　　　　2018 年 5 月天津第 1 次印刷

定价：119.00 元

读者服务热线：(010)81055410　印装质量热线：(010)81055316
反盗版热线：(010)81055315
广告经营许可证：京东工商广登字 20170147 号

前 言
Preface

　　我在化妆造型行业已经摸爬滚打了15年，对于化妆造型技术和不同时期的流行趋势都有十分深刻的认识。在这期间，我培养了很多想要从事化妆造型工作的学子，圆了他们的化妆造型梦。我虽然有丰富的化妆造型经验，但是对于写书，我之前从未想过。偶然间接到出版社的邀约，与我商谈写书一事，我很激动，同时又有点担心。我从来没有做过，唯恐做不好，会让读者不满意。但我觉得这是一个和大家分享经验、交流技术的好机会，还能为我国的美业发展略尽绵薄之力。再三思考之后，我和团队老师开会讨论，最终大家决定竭尽全力去完成这本书，把我们多年来的经验和对时尚的理解分享给大家。

　　在决定做这件事之后，我开始了紧锣密鼓的准备，先确定了整本书的大纲，然后积极地与摄影师、灯光师、模特进行沟通，准备需要的服装及饰品。在前期的准备工作完成后，就进入了既痛苦又快乐的创作过程。为了能够按时完稿，我还专门制定了每周的工作任务。因为白天要上课，所以只有晚上加班拍摄书中的案例，与此同时还要拍摄各个平台的网络课程。这样的工作持续了将近一年，虽然非常辛苦，但这个过程也非常快乐。我不仅对自己多年的工作经验和技术进行了全面的回顾和总结，还使整个团队的凝聚力得到了提升。每一位伙伴都积极配合，共同进步。

　　在长期的网络授课中，我了解到众多影楼化妆造型师普遍存在以下问题。

1.面对客户没有感觉，只提供流水线式服务。
2.技术水平没有提高，做出的造型老气。
3.没有美感，不会搭配饰品。

　　本书的内容主要是针对影楼和新娘跟妆师来安排的，所有案例以实用造型和实用手法为基础。针对上面提到的3个问题，我在书中分享了当下流行的手法及造型，希望通过详细的图片演示，结合通俗易懂的文字讲解，帮助大家找到属于自己的造型方法。发型百变不离其宗，运用一种手法可以做几百种造型。此外，佩戴饰品的位置也要恰到好处。书中有很多款以鲜花作为配饰的造型，大家可以借鉴鲜花佩戴的位置。

　　一本书需要一个团队共同努力完成。再次感谢摄影师华宇，感谢团队成员线青青、马杨凡、严佳梅的倾力付出。我们说好的，一辈子只做一件事，专心做好一件事，无论多苦多累。

Daisy
2018年1月

资源下载说明

　　本书附带19个视频教学文件，扫描"资源下载"二维码，关注我们的微信公众号，即可获得下载方式。资源下载过程中如有疑问，可通过在线客服或客服电话与我们联系。在学习的过程中，如果遇到问题，也欢迎您与我们交流，我们将竭诚为您服务。

　　客服邮箱：press@iread360.com
　　客服电话：028-69182687、028-69182657

资源下载
扫描二维码
下载本书配套资源

目 录

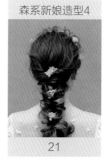

韩式新娘造型1	韩式新娘造型2	韩式新娘造型3	韩式新娘造型4	韩式新娘造型5	韩式新娘造型6
117	121	125	129	133	139

韩式新娘造型7	韩式新娘造型8	韩式新娘造型9	韩式新娘造型10	韩式新娘造型11	韩式新娘造型12
143	147	151	153	157	161

韩式新娘造型13	Chapter 3 复古新娘造型	复古新娘造型1	复古新娘造型2	复古新娘造型3	复古新娘造型4
167		173	177	181	187

复古新娘造型5	复古新娘造型6	复古新娘造型7	复古新娘造型8	复古新娘造型9	复古新娘造型10
191	195	199	203	209	213

复古新娘造型11	复古新娘造型12	复古新娘造型13	复古新娘造型14	复古新娘造型15	复古新娘造型16
217	221	225	229	233	237

森系新娘造型

MORI BRIDE
HAIRSTYLE

森系新娘造型1

造型的技法：①Z形分区，②编三股添加辫。

造型的工具：①22号电卷棒，②气垫梳，③宝美奇发蜡，④TIGI发蜡棒，⑤发卡，⑥发胶。

造型关键词：①温婉，②蓬松。

01
用22号电卷棒以平卷的方式将头发烫卷，然后在头部中间位置进行Z字形的分区。

02
将左侧的头发采用三股添加辫的手法进行编发。

03
一直编到发尾，并用橡皮筋固定。

04

右侧的头发采用同样的手法一直编到发尾并用橡皮筋固定。

05

编发完成后的效果展示。

06

将右侧编好的发辫尾部逆时针拧转并用发卡固定。

07

固定后的效果展示。

08

左侧的发辫用同样的方法固定，注意衔接。

09

在相互衔接的位置抽出发丝，调整造型，使其更加饱满。最后戴上饰品，点缀造型。

森系新娘造型2

造型的技法：①两股拧绳，②编三股添加辫，③抽丝。

造型的工具：①22号电卷棒，②气垫梳，③宝美奇发蜡，④TIGI发蜡棒，⑤发卡，⑥发胶。

造型关键词：①灵动，②飘逸。

01

用22号电卷棒以平卷的方式将头发烫卷。然后将头发分为三个区，接着将后区的头发扎成低马尾。

02

采用两股拧绳的手法将马尾拧成发辫并抽松。

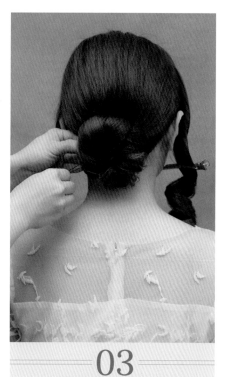

03

将发辫以顺时针方向绕成花苞，然后用发卡固定在枕骨处。

04

采用三股添加辫的手法将右侧区的头发编好并固定在后区。

05

左侧区的头发用同样的手法进行编发。将编好的发辫与后区的头发衔接并固定好，然后斜向上按纹理轻轻拉松。

06

调整好刘海区和整个造型的纹理。最后戴上饰品。

森系新娘造型3

造型的技法：①两股拧绳，②两股添加拧绳。

造型的工具：①22号电卷棒，②气垫梳，③宝美奇发蜡，④TIGI发蜡棒，⑤发卡，⑥发胶。

造型关键词：①空气感，②蓬松感。

01

用22号电卷棒以平卷的方式将头发烫卷。然后将刘海三七分，接着在顶区分出一个圆形发区并扎马尾。

02

将马尾分成两股，然后采用两股拧绳的手法拧成发辫。

03

将发辫以顺时针方向绕成花苞，固定在顶区。

04

在花苞右侧抓取一片头发，将其一分为二。将两股头发交叉拧转在一起，在右侧抓取头发，进行两股添加拧绳。

05

围绕花苞继续进行两股添加拧绳，要注意发辫的走向。

06

拧绳完成后，将发辫固定好，以形成一个圆形。

07

在右侧刘海区抓取一片头发，将其一分为二，然后采用同样的手法处理。

08

将后区的头发全部添加到发辫中，一直拧转到左侧区。要注意发辫的走向，然后将发辫衔接并固定好。

09

对左侧刘海区的头发以同样的手法处理。固定时，要注意相互之间的衔接，造型要饱满。

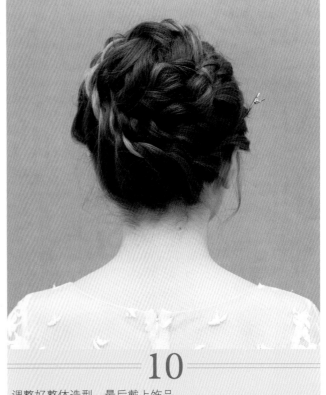

10

调整好整体造型。最后戴上饰品。

森系新娘造型4

造型的技法：①编鱼骨辫，②抽丝。

造型的工具：①22号电卷棒，②气垫梳，③宝美奇发蜡，④TIGI发蜡棒，⑤发卡，⑥鸭嘴夹，⑦发胶。

造型关键词：①空气感，②灵动。

01

用22号电卷棒以平卷的方式将头发烫卷。在顶区取发片并倒梳，接着将表面的头发向后梳理光滑，最后将左侧区的头发以内卷的方式拧转并固定在枕骨位置。

02

将右侧区的头发同样以内卷的方式拧转并固定在枕骨位置，注意发卷之间要自然衔接。

03

为了便于后面的编发，在发卷衔接的位置用鸭嘴夹固定好。将后区的头发分成两股。

04

采用鱼骨辫的手法开始编发。

05

一直编到发尾并固定，要注意发辫的纹理。

06

采用抽丝的手法调整造型，然后戴上饰品。

07

调整刘海区的发丝纹理，一边整理一边喷发胶定型。

森系新娘造型5

造型的技法：①编三股添加辫，②抽丝。

造型的工具：①22号电卷棒，②气垫梳，③宝美奇发蜡，④TIGI发蜡棒，⑤发卡，⑥鸭嘴夹，⑦发胶。

造型关键词：①灵动，②纹理感。

01

用22号电卷棒以平卷的方式将头发烫卷。在头顶中间处取部分头发，扎马尾并固定。

02

采用三股添加辫的手法将右侧的头发全部编到发辫中。

03

编至耳后时，从后区和马尾中分出部分头发，添加到发辫中。将剩下的发尾采用三股辫的手法一直编到发尾。

04

将编好的发辫以逆时针的方向拧转成花苞，固定在右侧耳后。

05

左侧区的头发也采用三股添加辫的手法进行编发。

06

将后区和马尾中剩下的头发全部添加到发辫中，一直编至发尾。

07

将左侧的发辫以逆时针方向拧转成花苞，固定在耳后。

08

用鸭嘴夹固定后区形成的纹理，喷发胶定型。

09

抽出发丝，调整造型。最后戴上饰品。

森系新娘造型6

造型的技法：①做连环卷筒，②编三股辫，③编三股添加辫，④抽丝。

造型的工具：①22号电卷棒，②气垫梳，③鸭嘴夹，④宝美奇发蜡，⑤TIGI发蜡棒，⑥发胶，⑦发卡，⑧19号电卷棒。

造型关键词：①饱满，②灵动。

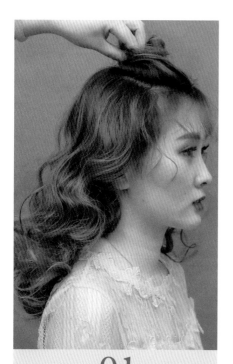

01

用22号电卷棒将头发烫卷。分出顶区的头发，用鸭嘴夹固定，注意刘海保持不动。

02

分出左右两个侧区，分别用鸭嘴夹固定。将后区的头发扎成马尾。

03

在马尾中取出一片头发，以连环卷筒的手法固定。

04

紧挨着第一个连环卷筒以逆时针的方向取第二片头发，做成连环卷筒并固定。

05

继续分出发片，采用同样的手法操作并固定。

06

完成后的效果展示。

07

将顶区的头发编成三股辫，然后围绕卷筒花苞固定。

08

将右侧区的头发用三股添加辫的手法一直编到发尾，围绕卷筒花苞固定好。

09

将左侧区的头发分为两部分。将上部的头发编成三股辫，围绕卷筒花苞固定好。

10

将左侧区剩下的头发采用三股添加辫的手法一直编到发尾。

11

用19号电卷棒将刘海烫卷，营造出空气感的效果。

12

顺着编发的纹理抽丝，让造型蓬松。戴上饰品。

森系新娘造型 7

造型的技法：①两股添加拧绳，②两股拧绳，③8字摆发。

造型的工具：①22号电卷棒，②鸭嘴夹，③气垫梳，④宝美奇发蜡，⑤TIGI发蜡棒，⑥发卡，⑦发胶。

造型关键词：①优雅，②轻盈。

01

用22号电卷棒将头发烫平卷。将刘海区的头发三七分，用鸭嘴夹固定。接着将后区的头发扎成低马尾。

02

在右侧顶区取出两片头发，向下进行两股添加拧绳。

03

将右侧区拧好的发辫固定在马尾根部。

04

左侧区的头发也采用同样的手法进行两股添加拧绳。

05

将左侧区拧好的发辫固定在马尾根部。

06

将后区剩余的头发分成两份，然后将左侧的发尾进行两股拧绳处理。

07

将拧好的发辫以8字摆发的手法处理并固定在左侧枕骨处。

08

将右侧的头发进行两股拧绳处理。

09

将拧好的发辫用同样的手法处理。

10

在头顶戴上饰品。然后将刘海烫卷，抓出空气感。戴上蕾丝发带。

11

对后区盘好的头发进行抽丝，使造型蓬松。喷发胶定型。在发带上点缀绿叶饰品。

12

用一些红色花朵饰品点缀造型，以增加亮点。

森系新娘造型 8

造型的技法：①拧绳，②抽丝。

造型的工具：①22号电卷棒，②气垫梳，③宝美奇发蜡，④TIGI发蜡棒，⑤发卡，⑥发胶。

造型关键词：①灵动，②蓬松。

01

用22号电卷棒以平卷的方式将头发烫卷，然后分出刘海区的头发。

02

将刘海区的头发分成两股，采用拧绳的手法进行处理。

03

将拧好的发辫以顺时针方向拧转成花朵形状并固定。

04

顺着拧绳的纹理，将发丝抽松。

05

在花朵形刘海左侧取一片头发，用两股拧绳的手法进行处理。将拧好的发辫以顺时针方向固定在花朵形刘海的边缘。

06

将剩余的头发全部向后梳，并扎成高马尾。

07

将马尾采用两股拧绳的手法处理。

08

将拧转后的头发按顺时针方向在后区固定成花苞，然后抽出发丝。

09

将前区花朵形状的刘海用手撕出蓬松感。最后戴上饰品。

森系新娘造型9

造型的技法：①两股拧绳，②抽丝。

造型的工具：①22号电卷棒，②气垫梳，③宝美奇发蜡，④TIGI发蜡棒，⑤发卡，⑥发胶。

造型关键词：①清新，②蓬松。

01

用22电卷棒平烫头发。将头发分成前后两个区。

02

在右侧耳上方分出两股头发，进行两股拧绳处理，然后抽松发辫。

03

将抽松后的发辫对折并固定在后区。

04

在左侧耳上方分出两股头发，进行拧绳处理，然后抽松发辫。

05

将发辫对折，重叠并固定在后区。

06

在右侧耳后取发片，进行拧绳处理，然后抽松发辫。

07

将发辫以相同的手法处理并固定在后区。左侧用同样的方法处理。

08

在右侧耳下方继续取发片，以相同的手法处理并固定。

09

在左侧耳下方继续取发片，以相同的手法处理并固定。

10

将后区剩下的头发用同样的手法进行两股拧绳处理。

11

将拧好的发辫对折并固定。注意发辫相互之间的衔接和形状变化。

12

后区完成的效果展示。

13

在顶区抽出发丝。

14

用同样的方法继续在顶区抽出发丝，要注意造型的纹理。

15

将左右鬓角的碎发烫卷，并摆出造型。最后戴上饰品。

森系新娘造型10

造型的技法：①两股拧绳，②内扣卷，③编三股辫。

造型的工具：①22号电卷棒，②气垫梳，③鸭嘴夹，④宝美奇发蜡，⑤TIGI发蜡棒，⑥发卡，⑦发胶。

造型关键词：①轻盈，②灵动。

01

用22号电卷棒平烫头发。将头发分出前后两个区，将前区的头发固定。

02

将后区的头发平均分成三股，并分别扎低马尾。

03

将右侧马尾进行两股拧绳编发后按顺时针方向拧转成花苞，固定在右侧耳后。

04

将中间的马尾以同样的手法拧转后固定在枕骨处。

05

将左侧的马尾以同样的手法进行拧绳处理。

06

将左侧拧好的发辫围绕中间和右侧的发包固定。

07

抓取右侧前区的头发。

08

分出一束发片，然后采用内扣卷的手法进行固定。

09

继续分出第二束发片，同样用内扣卷的手法处理并固定。

10

将剩余的发尾采用两股拧绳的手法处理。

11

将拧好的发辫按逆时针方向围绕后区的发包并固定。

12

将左侧前区的头发进行两股拧绳处理。

13

将拧好的发辫按顺时针方向围绕后区的发包并固定。

14

将刘海区的碎发编成三股辫，抽丝并固定在耳后。最后戴上饰品。

森系新娘造型11

造型的技法：①做卷筒，②拧S形纹理。

造型的工具：①22号电卷棒，②气垫梳，③鸭嘴夹，④宝美奇发蜡，⑤TIGI发蜡棒，⑥发卡，⑦发胶。

造型关键词：①简约，②优雅。

01
用22号电卷棒平烫头发。以两耳上方经过头顶的连接线为界，分成前后两个区。

02
将后区的头发倒梳后扎低马尾。

03
在马尾中分出一片头发，做成单卷并固定。

04

继续分出发片，做出连环卷筒并固定。

05

依次取发片，做出卷筒造型，并将其固定在枕骨处。

06

将卷筒造型摆成圆形。

07

将前区的发片用气垫梳梳出简约的S形纹理，并用鸭嘴夹固定好。

08

将前区剩余的发尾拧转成S形纹理，与后区卷筒完美衔接。喷发胶定型后取下鸭嘴夹，戴上饰品。

森系新娘造型12

造型的技法： ①拧绳，②抽丝。

造型的工具： ①19号电卷棒，②气垫梳，③宝美奇发蜡，④TIGI发蜡棒，⑤发卡，⑥发胶。

造型关键词： ①灵动，②饱满。

01

用19号电卷棒平烫头发。取顶区的头发，扎高马尾。

02

将马尾的发尾反向穿插于马尾中。

03

从左侧区取出一片头发，然后采用两股添加拧绳的方法拧至后区正中间。按纹理抽松发辫并将其固定在后区。

04

右侧区的头发用同样的手法处理，并将其固定在后区。

05

分别从左右两侧取发片，然后采用同样的手法处理并固定在后区，要注意拧绳之间的衔接。

06

将剩余头发以同样的手法全部处理好，让整个后区的造型纹理清晰。

07

后区造型完成的效果展示。

08

在后区纹理间点缀饰品，使造型更加精致。

09

整理好刘海区发丝的纹理，戴上饰品。完成造型。

森系新娘造型 13

造型的技法： ①外翻卷，②抽丝。

造型的工具： ①19号电卷棒，②气垫梳，③宝美奇发蜡，④TIGI发蜡棒，⑤发卡，⑥发胶，⑦鸭嘴夹。

造型关键词： ①灵动，②自然。

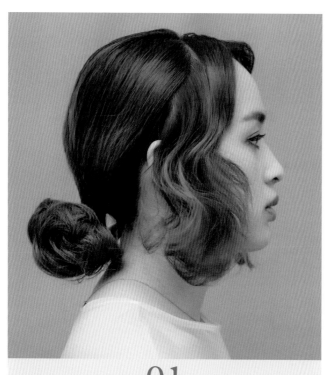

01

用19号电卷棒平烫头发。将头发分出前后两区，接着将后区的头发倒梳并扎成低马尾。

02

从左前侧刘海中分出一束发片，然后根据烫卷的纹理固定在后区。

03

继续分出一束发片，以同样的手法处理并固定。

04

左侧刘海纹理固定完成后的效果展示。

05

将右侧区刘海用同样的手法处理并固定。

06

将马尾以外翻卷的手法处理并固定在枕骨处。

07

在发丝间点缀饰品，然后一边抽丝一边喷发胶定型。待发胶干透后取下鸭嘴夹。

08

对后区的外翻卷进行抽丝处理，然后喷发胶定型。

森系新娘造型14

造型的技法：①拧包，②两股拧绳，③抽丝。

造型的工具：①22号电卷棒，②气垫梳，③宝美奇发蜡，④TIGI发蜡棒，⑤发卡，⑥发胶。

造型关键词：①饱满，②空气感。

01

用22号电卷棒平烫头发。将头发分成前后两个区。

02

将后区的头发倒梳，并将其表面梳理光滑，然后全部拧转在一起。

03

以单向拧包的手法将头发固定在顶区。

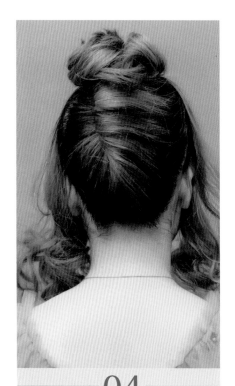

04

将拧包后的发尾以顺时针方向固定在顶区，形成花苞。

05

斜向抓取前区靠右的发片。

06

将发片稍微拧转并固定在花苞的边缘。

07

继续抓取第二束发片，稍微拧转并固定在第一束发片的下面。

08

继续抓取第三束发片，稍微拧转并固定在第二束发片的下面。

09

将三束发片剩余的发尾拧转在一起。

10

将拧转好的发尾以顺时针方向围绕着花苞固定。

11

抓取左侧前区靠内侧的发片，采用两股拧绳的手法处理。

12

将拧好的发辫以逆时针方向围绕着花苞固定。

13

紧挨着内侧的发片分出第二束发片，然后采用两股拧绳的手法处理，并固定在后区。

14

抓取左侧最外侧的发片，进行两股拧绳并固定。

15

将三片头发剩余的发尾拧转在一起，然后根据纹理抽松，固定在花苞的四周。

16

戴上饰品。用直板夹将留出的发丝烫卷，将其整理出飘逸的感觉。

森系新娘造型15

造型的技法：①交错拧推，②做卷筒，③抽丝。

造型的工具：①22号电卷棒，②气垫梳，③宝美奇发蜡，④TIGI发蜡棒，⑤发卡，⑥发胶，⑦直板夹。

造型关键词：①空气感，②灵动，③蓬松。

01

用22号电卷棒平烫头发。将头发分成前后两个区。

02

取右侧前区刘海，将其分为两片，然后交错拧推发片。

03

继续将两片头发交错摆放。

04

一直摆放至耳后并固定。

05

将发辫的发尾与枕骨区右下方的发片反向拧转。

06

将发辫以卷筒的方式固定。

07

将左侧前区的刘海同样用交错拧推的手法处理。

08

编好后将发辫固定在左耳的下方。

09

将发辫的发尾与后区剩余的头发外翻拧转。

10

将拧转后剩余的发尾固定在后区的右侧。

11

后区造型完成后的效果展示。

12

根据纹理用手抽出发丝，以打造出空气感。

13

用直板夹将额前的碎发夹卷，整理出自然的弧度并摆放好。

14

在发间点缀饰品。完成造型。

森系新娘造型16

造型的技法：①外翻卷，②抽丝。

造型的工具：①22号电卷棒，②气垫梳，③尖尾梳，④鸭嘴夹，⑤宝美奇发蜡，⑥TIGI发蜡棒，⑦发卡，⑧发胶，⑨直板夹。

造型关键词：①简约，②优雅。

01

用22号电卷棒平烫头发。将所有头发全部向后梳。

02

分出薄薄的刘海区发片。

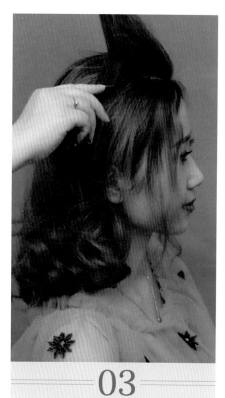

03

从头顶开始分发片，并用尖尾梳倒梳，以打造蓬松感。

04

倒梳后将头发表面梳理光滑，注意打造纹理感。

05

用鸭嘴夹将头发在颈部固定好。

06

用气垫梳梳顺发尾。

07

采用外翻卷的手法将发尾分片固定在耳后，注意弧度。

08

在头顶戴上蝴蝶结饰品。然后一边抽丝一边喷发胶定型。待发胶干透后取下鸭嘴夹。

09

将刘海区的头发分成小缕，用直板夹夹出弧度，然后摆放好。

森系新娘造型 17

造型的技法：①编三股添加辫，②抽丝。

造型的工具：①22号电卷棒，②气垫梳，③宝美奇发蜡，④TIGI发蜡棒，⑤发卡，⑥发胶。

造型关键词：①灵动，②简约。

01

用22号电卷棒平烫头发。将头发分成左右两个区，接着在右侧顶区分出一束发片。注意留出一部分刘海。

02

将所取的发片分为三股，采用三股添加辫的手法编发。

03

从左右两边添加头发，进行续编。

04

采用同样的手法一直编到发尾，并用橡皮筋固定。

05

右侧编发完成后的效果展示。

06

在左侧顶区分出一束发片，并将该发片分为三股。然后采用三股添加辫的手法编发。

07

采用与右侧同样的手法将发辫编好。

08

左右两侧编发完成后的正面效果展示。

09

顺着发辫的纹理抽丝。

10

将右侧的发尾拧转至枕骨区并固定。

11

将发尾整理成空气感的花苞。

12

根据纹理将左侧的发辫抽松。

13

将左侧的发尾也拧转至枕骨区并固定，使其形成空气感花苞。

14

采用抽丝的手法调整造型。最后戴上饰品。

森系新娘造型18

造型的技法：①编三股添加辫，②抽丝。
造型的工具：①22号电卷棒，②气垫梳，③宝美奇发蜡，④TIGI发蜡棒，⑤鸭嘴夹，⑥发卡，⑦发胶。
造型关键词：①纹理感，②灵动，③蓬松。

01

用22号电卷棒平烫头发。在顶区分出一束发片。

02

将所取的发片分成三股，并从左右两侧添加头发，进行编发。

03

斜向右下方编发，编至右耳后方。

04

继续编发，注意发辫的走向和松紧度。

05

将发辫一直编到发尾。完成后的效果展示。

06

将发辫的发尾按顺时针方向缠绕，固定在左耳后。

07

根据编发的纹理抽出发丝。

08

烫卷剩余的刘海碎发，喷发胶定型。取下鸭嘴夹，戴上饰品。

森系新娘造型 19

造型的技法： ①两股拧绳，②外翻卷，③抽丝。
造型的工具： ①22号电卷棒，②气垫梳，③宝美奇发蜡，④TIGI发蜡棒，⑤发卡，⑥鸭嘴夹，⑦发胶。
造型关键词： ①纹理清晰，②灵动。

01
用22号电卷棒平烫头发。在刘海区分出一束发片，进行两股拧绳处理。

02
将拧好的发尾固定在后区。紧贴发辫的右下侧取发片，进行两股拧绳处理。

03
从顶区和后区有规律地上下错位取发片，然后分别进行两股拧绳处理。

04

将左右两侧耳后的头发进行外翻卷并固定。将其对称收拢在枕骨下方。

05

将剩余的发尾采用交错外翻卷的方式进行固定。

06

在头顶戴上鲜花饰品。根据拧绳的纹理进行抽丝。

07

后区完成后的效果展示。

08

抽丝后喷发胶定型，然后取下鸭嘴夹，并用小花点缀。

09

前区完成后的效果展示。要注意发丝的纹理感。

森系新娘造型20

造型的技法：①两股拧绳，②抽丝。

造型的工具：①22号电卷棒，②气垫梳，③宝美奇发蜡，④TIGI发蜡棒，⑤发卡，⑥发胶，⑦13号电卷棒。

造型关键词：①纹理清晰，②饱满。

01

用22号电卷棒平烫头发。从刘海到顶区分出一束发片,并扎成高马尾。

02

将马尾分成两股,进行拧绳处理。将发辫以顺时针方向盘绕并固定在顶区,形成花苞。

03

在左侧前区取一束发片,进行两股拧绳处理。将发尾对折并固定在花苞下面。右侧采用同样的方式处理。

04

从花苞正下方取出一片头发,进行两股拧绳处理。

05

将拧好的头发以打圈的方式固定在花苞的下面。

06

依次在后区中间和左边分发片，然后进行两股拧绳处理。接着以相同的方式固定在花苞的下面。

07

完成后的效果展示。

08

将后区剩下的头发以同样的方式处理并固定，注意发辫相互之间的衔接，要使后区造型饱满。

09

用13号电卷棒烫卷刘海区的碎发，以营造空气感。然后根据纹理抽丝，戴上饰品。

森系新娘造型21

造型的技法：①打圈，②抽丝。
造型的工具：①22号电卷棒，②气垫梳，③鸭嘴夹，④宝美奇发蜡，⑤TIGI发蜡棒，⑥发卡，⑦发胶。
造型关键词：①温婉，②清新。

01
用22号电卷棒平烫头发。将头发分成前后两个区，接着将后区的头发扎成三条马尾。

02
将左侧马尾以打圈的手法处理并固定在左侧枕骨处，然后将其抽松。

03
将右侧马尾以同样的手法处理并固定在右侧枕骨处，然后将其抽松。

04

将中间的马尾以同样的手法处理，固定在中间并抽松。

05

在前区左侧分出一束发片，进行打圈处理。然后将其抽松并固定在左侧上方。

06

在前区左右两侧依次分发片，用同样的手法处理。注意发片相互之间的衔接，要形成一个环状的轮廓。

07

取下鸭嘴夹，用发卡固定。戴上饰品，抽丝并进行调整。

森系新娘造型22

造型的技法：①编三股添加辫，②编鱼骨辫。

造型的工具：①22号电卷棒，②气垫梳，③宝美奇发蜡，④TIGI发蜡棒，⑤发卡，⑥发胶。

造型关键词：①灵动，②清新，③纹理感。

01

用22号电卷棒平烫头发。将头发分成前后两个区，将刘海三七分。接着将右侧刘海分成三股，编三股添加辫。

02

将刘海区的头发编好后，从后区分发片，添加到发辫中。

03

将发辫编至耳后，将剩下的发尾编三股辫并固定。

04

将左侧刘海以同样的手法进行编发。

05

将发辫编至耳后，将剩下的发尾编三股辫并固定。

06

在右侧耳后垂直分发片，然后用鱼骨辫的手法一直编到发尾。

07

紧挨着第一条鱼骨辫分出一束发片，将其编成鱼骨辫。

08

用同样的手法依次将剩下的头发再编成三条鱼骨辫。

09

将左右两侧的三股添加辫固定在一起，然后将发尾和两条鱼骨辫固定在一起。

10

将剩下的鱼骨辫交错固定在一起。根据发辫的纹理进行抽丝处理。最后戴上饰品。

森系新娘造型23

造型的技法：①两股拧绳，②抽丝。
造型的工具：①22号电卷棒，②气垫梳，③鸭嘴夹，④宝美奇发蜡，⑤TIGI发蜡棒，⑥发卡，⑦发胶。
造型关键词：①灵动，②温婉。

01

用22号电卷棒平烫头发。将头发分成前后两个区，将刘海三七分。接着将后区的头发倒梳后扎成低马尾。

02

将马尾平均分成两部分，然后将右边部分进行两股拧绳处理。

03

将拧转后的发辫经过右侧耳后固定在头顶。

04

将马尾左边部分的头发也进行两股拧绳处理。

05

将拧转后的发辫经过左侧耳后固定在头顶。注意发辫的衔接和造型轮廓。

06

在右侧刘海区分出一束发片。

07

将发根处理蓬松后拧转并固定。继续斜向抓取发片，拧转并固定。

08

以相同的手法处理右侧刘海区的头发。

09

将右耳后剩余的发尾进行两股拧绳处理。根据头发的纹理进行抽丝处理，并将发辫固定在后区。

10

在左侧刘海区分出一束发片。

11

采用两股添加拧绳的手法进行处理。根据发辫的纹理进行抽丝处理。

12

将发辫固定在枕骨位置。注意发辫相互之间的衔接。最后戴上饰品。

森系新娘造型24

造型的技法：①编三股添加辫，②两股拧绳，③抽丝。

造型的工具：①22号电卷棒，②气垫梳，③鸭嘴夹，④宝美奇发蜡，⑤TIGI发蜡棒，⑥发卡，⑦发胶，⑧19号电卷棒。

造型关键词：①温婉，②空气感。

01

用22号电卷棒平烫头发。将头发分成前后两个区，将刘海三七分。

02

在顶区取发片，然后采用三股添加辫的手法进行编发。

03

将发辫编到后发际线处，采用三股辫的手法一直编到发尾，将其用橡皮筋固定。

04

将左侧耳后的头发进行两股拧绳处理。

05

根据纹理将发辫抽松。

06

将抽松后的发辫穿插至中间的发辫中。

07

将右侧耳后的头发也进行两股拧绳处理。

08

根据纹理将发辫抽松。

09

以同样的手法将发辫穿插至中间的发辫中。

10

用19号电卷棒斜向烫卷右侧刘海。

11

用19号电卷棒斜向烫卷左侧刘海。

12

采用两股添加拧绳的手法处理右侧的刘海。

13

根据发辫的纹理进行抽丝处理。

14

将发尾穿插在中间的发辫中。

15

左侧刘海采用同样的手法处理。

16

将发尾以内扣卷的方式固定在后区。最后戴上饰品。

韩式新娘造型

KOREAN BRIDE
HAIRSTYLE

韩式新娘造型1

造型的技法：①拧绳，②抽丝。
造型的工具：①32号电卷棒，②气垫梳，③宝美奇发蜡，④TIGI发蜡棒，⑤发卡，⑥发胶。
造型关键词：①简约，②清新。

01

用32号电卷棒烫卷头发。分出顶区的头发，扎成马尾，用橡皮筋固定。

02

用22号电卷棒将右侧刘海烫卷。

03

在刘海区和顶区抽出发丝，以打造蓬松感。

04

将马尾进行两股拧绳处理。

05

将拧绳后的马尾按顺时针方向绕圈并固定在后区，形成一个花苞。采用抽丝的手法对其进行调整。

06

戴上饰品，使造型更加饱满。

韩式新娘造型2

造型的技法：①编三股辫，②编三股添加辫，③抽丝。

造型的工具：①22号电卷棒，②气垫梳，③鸭嘴夹，④宝美奇发蜡，⑤TIGI发蜡棒，⑥发卡，⑦发胶。

造型关键词：①温婉，②纹理感。

01

用22号电卷棒竖着烫卷顶区表层的头发，并使其保持整齐的纹理。

02

保留表层的烫发纹理，然后将后区的头发编成三股辫。

03

将左侧区的头发编成三股添加辫。

04

将左侧区的发辫穿插到中间三股辫的缝隙中，以打造出复杂的纹理。

05

在右侧区分出顶部较短的一层头发，用鸭嘴夹固定。

06

将右侧区下部的头发编成三股添加辫，并编至发尾。

07

将右侧区的发辫穿到中间三股辫的缝隙中。整理后区的发尾，将多余的头发藏起来。

08

用手指抓出空气感的刘海造型。

09

戴上饰品。完成造型。

韩式新娘造型3

造型的技法：①外翻卷，②抽丝。

造型的工具：①22号电卷棒，②尖尾梳，③气垫梳，④宝美奇发蜡，⑤TIGI发蜡棒，⑥发卡，⑦发胶。

造型关键词：①温婉，②小清新。

01
用22号电卷棒烫卷头发。将顶区的头发用尖尾梳倒梳。

02
将后区的头发扎低马尾，并将表面梳理光滑。

03
用橡皮筋将马尾固定好，然后分出一缕头发，用其遮住橡皮筋。

125

04

用气垫梳梳开卷曲的头发，然后用同样的手法扎出藕节状马尾。

05

继续梳理马尾，然后用橡皮筋扎出第二段藕节状马尾。整理剩余的马尾，使其朝同一个方向卷曲。

06

在固定橡皮筋的位置戴上鲜花饰品，用于点缀造型。

07

在刘海区分出一束发片，进行拧转并固定。

08

在靠近第一片刘海的位置再分出一束发片，进行拧转并固定。

09

戴上饰品，然后整理好发丝。

韩式新娘造型4

造型的技法：①编三股添加辫，②编鱼骨辫。

造型的工具：①22号电卷棒，②气垫梳，③发卡，④宝美奇发蜡，⑤TIGI发蜡棒，⑥发胶。

造型关键词：①灵动，②蓬松感，③纹理感。

01

用22号电卷棒平卷头发。将刘海三七分，然后在顶区分出一个圆形发区。将圆形发区的头发倒梳后固定在后区。

02

将固定后的发尾编成三股辫。

03

将三股辫按顺时针方向拧转成花苞，并用发卡固定。

04

用三加一编发的手法将右侧的头发编成三股添加辫，一直编到颈部位置。将剩下的头发用三股辫的手法编好。

05

将编好的发辫以逆时针方向围绕花苞固定。

06

采用同样的手法将左侧的头发编成发辫。

07

将编好的发辫以顺时针方向围绕花苞固定。注意发辫之间的衔接。

08

将剩下的头发编成鱼骨辫。

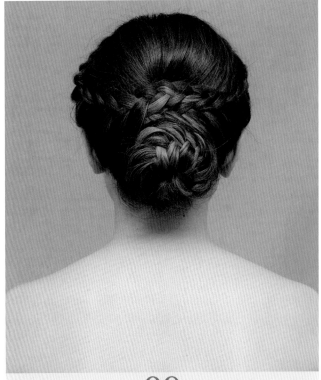

09

将鱼骨辫拧转并固定在枕骨处，要注意衔接自然。戴上饰品。完成造型。

韩式新娘造型5

造型的技法：①外卷，②内扣，③抽丝。
造型的工具：①22号电卷棒，②气垫梳，③宝美奇发蜡，④TIGI发蜡棒，⑤发卡，⑥发胶。
造型关键词：①温婉，②清新。

01

用22电卷棒平烫头发。在顶区抓取一片头发。

02

将发片外卷后内扣，固定在后区。

03

从左侧耳后抓取一片头发。

04

将所取的头发内扣并固定在后区，要注意头发相互之间的衔接。

05

从右侧耳后抓取一片头发，内扣并固定在后区。

06

顺着右侧内扣的发片垂直向下再取一片头发，内扣并固定在后区。

07

从左侧刘海区取出一片头发，内扣并固定在后区。

08

从右侧刘海区取出一片头发，内扣并固定在后区。

09

将后区剩下的头发根据卷发的纹理整理好。

10

取出右侧刘海区的发片。

11

将发片以内扣的手法处理并将其固定在耳后。

12

根据卷发的弧度继续将发尾内扣并固定好。

13

从左侧刘海区分出一片头发，将其内扣并固定在后区。

14

从左侧刘海区继续取发片，向下内扣并固定在后区。

15

用同样的手法将左侧剩余的刘海发片内扣并固定在后区。

16

调整后区头发的发尾，然后顺着造型的纹理抽出发丝，以保持发辫蓬松。最后戴上饰品。

韩式新娘造型6

造型的技法：①编三股添加辫，②抽丝，③内扣。

造型的工具：①22号电卷棒，②气垫梳，③宝美奇发蜡，④TIGI发蜡棒，⑤发卡，⑥发胶。

造型关键词：①温婉，②大气。

01

用22电卷棒平烫头发。将头发分成前后两个区，将刘海三七分。将后区的头发扎成低马尾。

02

在左侧刘海区分出一束发片，并将其分为三股。

03

采用三加二编发的手法将左侧刘海编成三股添加辫。

04

将编好的发辫按纹理抽丝后固定在后区的马尾上。

05

右侧刘海区的头发采用同样的手法进行处理。

06

后面完成的效果展示。

07

根据发辫的纹理进行抽丝。

08

将后区马尾内扣并固定在后区。最后戴上饰品。

韩式新娘造型7

造型的技法： ①拧绳，②抽丝。

造型的工具： ①22号电卷棒，②气垫梳，③鸭嘴夹，④宝美奇发蜡，⑤TIGI发蜡棒，⑥发卡，⑦发胶。

造型关键词： ①饱满，②空气感。

01

用22电卷棒平烫头发。分出前区的头发，并用鸭嘴夹固定。注意前区分区的范围。

02

将后区的头发扎成低马尾。

03

将前区的头发分发片用22号电卷棒进行烫卷。

04

燙卷后的效果展示。

05

将烫卷后的头发依次向下固定在后区的马尾上。

06

固定完成后的效果展示。

07

调整好造型的纹理，喷发胶定型，然后取下鸭嘴夹。

08

将所有头发的发尾根据卷曲的弧度整理好。

09

在马尾固定处和头顶戴上鲜花饰品。

韩式新娘造型 8

造型的技法：①外翻卷，②拧S形纹理。

造型的工具：①22号电卷棒，②气垫梳，③宝美奇发蜡，④TIGI发蜡棒，⑤发卡，⑥鸭嘴夹，⑦发胶。

造型关键词：①温婉，②优雅。

01

用22电卷棒平烫头发。将头发分成前后两个区，然后将顶后区的头发倒梳，将其拧成饱满的发包并固定在枕骨处。

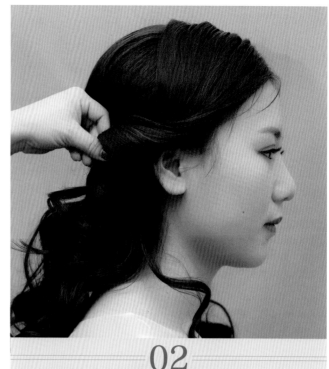

02

将右侧刘海区的发片以外翻卷的手法处理并固定在耳后。

03

将发尾用连续外翻卷的手法处理并固定在后区。

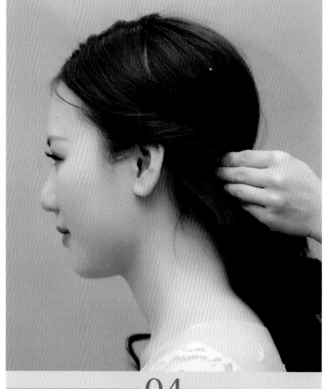

04

将左侧刘海区的发片以同样的手法处理并固定。

05

固定后的效果展示。注意头发相互之间的衔接。

06

将右侧耳后的头发也用外翻卷的手法处理并固定。

07

将左侧耳后的头发也用外翻卷的手法交错固定。

08

将剩余的发尾拧转成S形纹理并用鸭嘴夹加固。

09

喷发胶定型,然后取下鸭嘴夹,用发卡固定。最后戴上饰品。

韩式新娘造型9

造型的技法：两股拧绳。

造型的工具：①22号电卷棒，②气垫梳，③宝美奇发蜡，④TIGI发蜡棒，⑤发卡，⑥鸭嘴夹，⑦发胶。

造型关键词：①俏皮可爱，②简约。

01

用22号电卷棒平烫头发。将头发分成前后两个区，将刘海三七分。

02

将后区的头发扎成高马尾。

03

将马尾以顺时针方向拧成花苞并固定。将右侧刘海梳理光洁，并固定在耳上方。

04

将右侧刘海发尾进行两股拧绳处理。然后将发辫固定在花苞前面，注意发辫的走向，在转折处要固定牢固。

05

右侧造型完成后的效果展示。

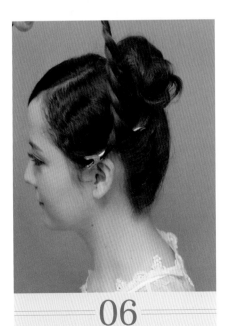

06

左侧刘海采用同样的手法处理。最后戴上饰品和头纱。

韩式新娘造型 10

造型的技法：①拧绳，②编两股添加辫。

造型的工具：①22号电卷棒，②气垫梳，③宝美奇发蜡，④TIGI发蜡棒，⑤发卡，⑥发胶。

造型关键词：①饱满，②温婉。

01

用22号电卷棒平烫头发。将头发分成前后两个区，将刘海三七分。

02

将顶区的头发倒梳，拧成饱满的高发包并固定。

03

在右侧耳后分出一片头发，拧转至后区并固定。

04

在左侧耳后分出一片头发，拧转至后区并固定。

05

在右侧刘海区分出一片头发，分成两股。将其他头发添加到发辫中，编成两股添加辫。将发尾用拧绳的手法处理。

06

将拧好的发辫固定在后区。

07

左侧刘海区用相同的手法处理。

08

将拧好的发辫也固定在后区，注意发辫之间的衔接。

09

用气垫梳以顺时针方向将剩余的发尾梳出纹理。

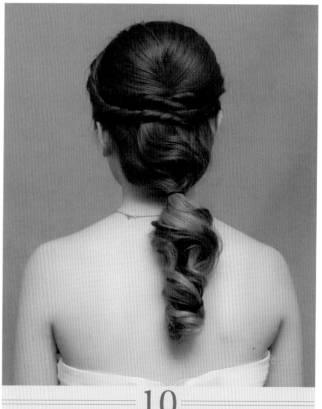

10

用橡皮筋扎低马尾。最后戴上饰品。

韩式新娘造型11

造型的技法：①内扣卷，②拧绳，③抽丝。

造型的工具：①22号电卷棒，②气垫梳，③宝美奇发蜡，④TIGI发蜡棒，⑤发卡，⑥鸭嘴夹，⑦发胶，⑧19号电卷棒。

造型关键词：①优雅，②端庄。

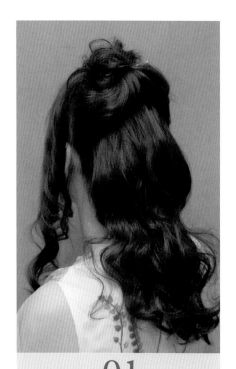

01

用22号电卷棒平烫头发。将头发分成前后两个区，并将刘海三七分。将后区的头发分成上下两部分。

02

将后区下部的头发以顺时针方向拧转成花苞，将其固定在枕骨处。

03

在后区上部取一束发片，以内扣卷的手法处理并固定在花苞上。

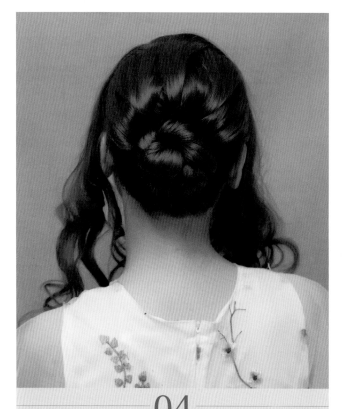

04

将后区上部剩下的头发依次做成饱满的内扣卷，然后固定在花苞上。

05

在前后分区的位置戴上饰品。将左侧刘海区的头发进行拧绳处理，并将其固定在枕骨处。

06

右侧刘海区的头发以同样的手法处理，并固定在枕骨处。

07

抽松后区的头发，以打造空气感效果。为了保持纹理，可以先用小鸭嘴夹固定，然后喷发胶定型。

08

用19号电卷棒烫卷前区的碎发，以打造飞丝效果。

09

定型后取下小鸭嘴夹，再次调整纹理。完成造型。

韩式新娘造型12

造型的技法： ①两股拧绳，②抽丝。

造型的工具： ①22号电卷棒，②气垫梳，③宝美奇发蜡，④TIGI发蜡棒，⑤发卡，⑥鸭嘴夹，⑦发胶。

造型关键词： ①温婉，②大气。

01

用22号电卷棒平烫头发。将头发分成前后两个区，将刘海三七分。

02

在顶区分出一片头发，扎成马尾。

03

将马尾从固定位置的中间穿过。

04

在后区分出一束发片，扎成马尾。将马尾从固定位置的中间穿过。注意两条马尾的关系。

05

在右侧耳后分出一束发片，采用两股添加拧绳的手法拧至发尾。

06

将发辫横向固定在后区。从左侧耳后分出一束发片，用相同的手法拧转至发尾。

07

将发辫横向固定在后区。将多余的发尾以顺时针方向拧转至枕骨处并固定。

08

将后区剩下的头发进行两股拧绳处理。

09

将发辫以逆时针方向环绕成圆形，固定在枕骨处。

10

后区造型完成的效果展示。

11

在右侧刘海区分出一束头发，用橡皮筋扎成马尾。

12

将马尾从固定位置的头发中间穿过。

13

将剩余的发尾用两股拧绳的手法处理，并固定在枕骨处。

14

在右侧刘海区再分出一束发片，进行拧绳处理后固定。注意留出一缕刘海。

15

将左侧刘海区的头发用橡皮筋扎成马尾。注意留出一缕刘海。

16

将马尾从固定位置的头发中间穿过。

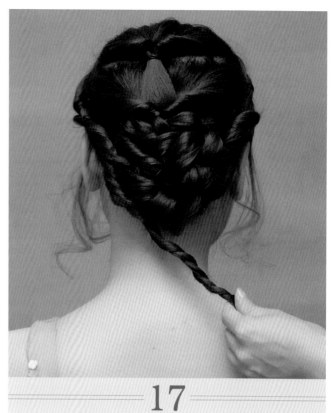

17

将剩余的发尾用两股拧绳的手法处理，并固定在枕骨处。

18

根据编发的纹理进行局部抽丝。

19

将留出的刘海烫卷并摆放好。最后戴上饰品。

韩式新娘造型 13

造型的技法：两股拧绳。

造型的工具：①22号电卷棒，②气垫梳，③鸭嘴夹，④宝美奇发蜡，⑤TIGI发蜡棒，⑥发卡，⑦发胶。

造型关键词：①简洁，②清新。

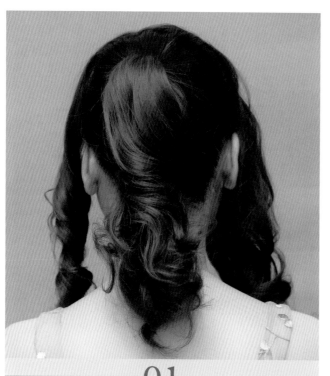

01

用22号电卷棒平烫头发。将头发分成前后两个区，将刘海三七分。将后区的头发扎成高马尾。

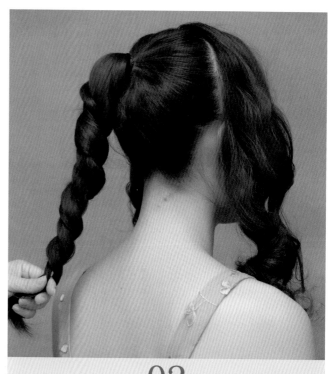

02

用两股拧绳的手法将马尾拧至发尾。

03

将拧绳后的马尾以顺时针方向缠绕成花苞，固定在后区。

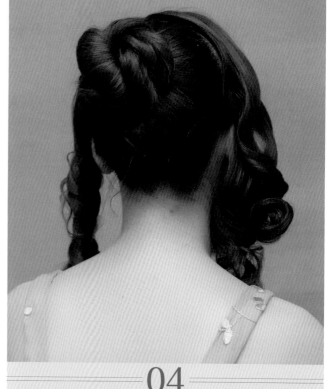

04

后区造型完成的效果展示。

05

将右侧刘海分成前后两束发片。先将前面的发片按照纹理用鸭嘴夹固定，将发尾进行两股拧绳处理并固定在后区的花苞上。

06

将后面的发片交错覆盖在前面的发片上，将发尾进行两股拧绳处理后固定在后区的花苞上。然后喷发胶定型。

07

将左侧刘海区的头发梳理整洁，用鸭嘴夹在耳上方固定。将发尾进行拧绳处理后固定在花苞上，接着喷发胶定型。

08

待发胶干透后取下鸭嘴夹。最后戴上饰品。

复古新娘造型

RETRO BRIDE
HAIRSTYLE

复古新娘造型1

造型的技法：①手摆波纹，②外翻卷。

造型的工具：①22号电卷棒，②气垫梳，③宝美奇发蜡，④TIGI发蜡棒，⑤鸭嘴夹，⑥发卡，⑦发胶。

造型关键词：①干净，②纹理清晰。

01

用22号电卷棒平烫头发。将头发分成前后两个区。

02

将顶区的头发分发片倒梳，让造型更加饱满、蓬松。

03

将后区表面的头发梳理光滑，并用鸭嘴夹固定。

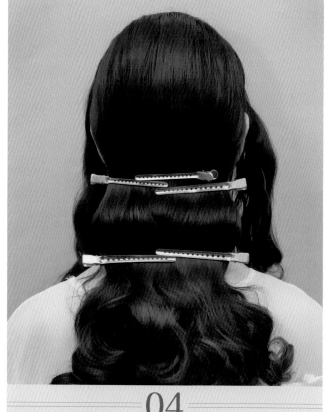

04

顺着烫发纹理整理出第一个波纹，用鸭嘴夹固定。

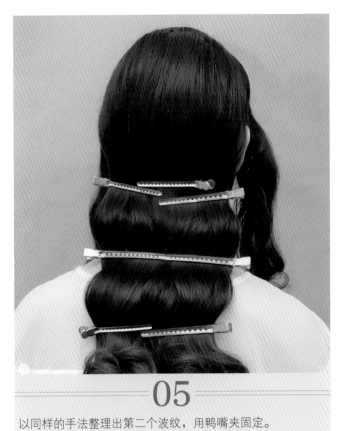

05

以同样的手法整理出第二个波纹，用鸭嘴夹固定。

06

在左侧刘海区用鸭嘴夹固定烫发的纹理，将发尾做外翻卷并固定。

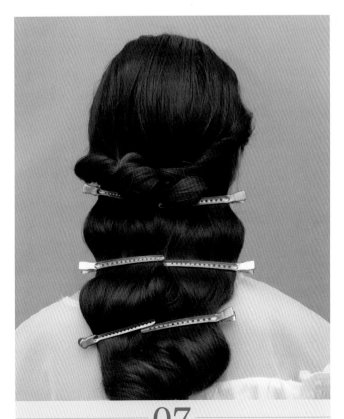

07

右侧刘海以同样的手法交错固定，然后喷发胶定型。

08

待发胶干透后，取下鸭嘴夹。最后戴上饰品。

复古新娘造型2

造型的技法： ①做卷筒，②摆S形波纹。

造型的工具： ①22号电卷棒，②气垫梳，③鸭嘴夹，④宝美奇发蜡，⑤TIGI发蜡棒，⑥发卡，⑦发胶。

造型关键词： ①简洁，②优雅。

01

用22号电卷棒平烫头发。将头发分成前后两个区，将刘海三七分。将后区的头发倒梳后扎成低马尾。

02

在马尾中分发片，以连环卷筒的手法处理并固定在枕骨处。

03

将马尾中剩下的头发以相同的手法继续处理。

04

将马尾中的头发做成圆形低盘造型。

05

将右侧刘海区的头发在额头正中间向后梳理，用鸭嘴夹固定。

06

将固定后剩余的发尾顺着纹理推出S形波纹，用鸭嘴夹固定。

07

将剩余的刘海外翻至耳后。

08

将发尾继续外翻，用鸭嘴夹固定在耳后。注意发尾与后区造型应衔接在一起。

09

将左侧刘海以外翻手法处理并固定，然后喷发胶定型。

10

待发胶干透后取下鸭嘴夹。最后戴上饰品。

复古新娘造型3

造型的技法： ①8字拧转，②内扣卷，③外翻卷。

造型的工具： ①22号电卷棒，②气垫梳，③鸭嘴夹，④宝美奇发蜡，⑤TIGI发蜡棒，⑥发卡，⑦发胶，⑧尖尾梳。

造型关键词： ①轻复古，②饱满，③纹理感。

01

用22号电卷棒平烫头发。将头发分成
前后两个区。

02

将后区顶部的头发分发片倒梳，使头
发蓬松、饱满。

03

将倒梳后的头发表面梳理光滑，然后
扎成低马尾。

04

在马尾的右侧分出第一束发片。

05

以8字拧转的手法将发片固定在后区。

06

分出第二束发片，同样以8字拧转的手
法处理并固定在后区。

07

依次分发片，采用相同的手法处理，用鸭嘴夹固定在后区中心位置。

08

整理每个8字拧转的发尾，摆出不规则的纹理，然后喷发胶定型。

09

完成后的效果展示。

10

将右侧刘海区的头发倒梳，使头发饱满、蓬松。

11

将发片表面梳理光滑，然后做成一个内扣卷。

12

用鸭嘴夹将内扣卷固定好。

13

在右侧刘海区分出第二束发片，做成内扣卷，用鸭嘴夹固定。

14

以同样的手法分出发片，做成内扣卷并固定。

15

将右侧刘海的发尾做成外翻卷并固定在耳上方。

16

将剩下的发尾与后区造型衔接并固定好。

17

完成后的效果展示。喷发胶定型。

18

将左侧刘海与后区顶部的头发梳理在一起，做成一个S形波纹，要注意纹理和走向。

19

在波纹处用鸭嘴夹固定，然后喷发胶定型。

20

待发胶干透后取下鸭嘴夹。戴上饰品。完成造型。

复古新娘造型4

造型的技法：做卷筒。

造型的工具：①22号电卷棒，②气垫梳，③鸭嘴夹，④宝美奇发蜡，⑤TIGI发蜡棒，⑥发卡，⑦发胶。

造型关键词：①光洁，②饱满。

01

用22号电卷棒平烫头发。将头发分成前后两个区，将后区顶部的头发倒梳。

02

将后区的头发用鸭嘴夹在枕骨下方固定，要形成饱满的弧度。

03

将左侧刘海半遮耳朵，用鸭嘴夹固定，使其与后区的头发结合在一起。

04

将右侧刘海以同样的手法处理。

05

从左侧取发片，将其以单卷的手法处理并固定在枕骨处。

06

从左到右依次取发片，将其以单卷的手法处理并固定在枕骨处，做成第一层卷筒。

07

将剩余的头发以同样的手法处理并固定在第一层卷筒的下面。

08

调整造型，喷发胶定型。

09

待发胶干后取下鸭嘴夹。最后戴上饰品。

复古新娘造型5

造型的技法：外翻卷。

造型的工具：①22号电卷棒，②气垫梳，③宝美奇发蜡，④TIGI发蜡棒，⑤发卡，⑥鸭嘴夹，⑦发胶。

造型关键词：①光洁，②饱满。

01

用22号电卷棒平烫头发。将头发分成前后两个区。

02

将后区顶部的头发倒梳，用鸭嘴夹在枕骨区固定。

03

将右侧刘海梳理光洁，在耳上方以外翻卷的手法处理并固定。

04

将后区的发尾以手打卷外翻的手法处理并斜向固定，使其形成45°角，用鸭嘴夹加固。然后喷发胶定型。

05

将鸭嘴夹取掉，然后整理发型的弧度。接着戴上饰品。

06

左侧的头发与发卷自然衔接即可。

复古新娘造型6

造型的技法：①S形波纹，②拧推。

造型的工具：①22号电卷棒，②气垫梳，③鸭嘴夹，④宝美奇发蜡，⑤TIGI发蜡棒，⑥发卡，⑦发胶。

造型关键词：①纹理柔和，②蓬松。

01
用22号电卷棒横向烫卷头发。

02
用气垫梳慢慢梳出卷发的纹理。

03
梳好后的纹理展示。头发形成S形波纹。

04

采用同样的方法将左侧的头发梳顺，整理出纹理。

05

将左侧的头发用鸭嘴夹从耳后固定。

06

将前区顶部的头发以拧推的手法处理并固定，要注意造型饱满。

07

继续整理后区的S形纹理。

08

用鸭嘴夹固定容易松散的细节处，然后喷发胶定型。接着戴上饰品。

09

取下鸭嘴夹，让头发形成自然而卷曲的效果。

复古新娘造型7

造型的技法：①交错外翻卷，②编两股添加辫，③抽丝。

造型的工具：①22号电卷棒，②气垫梳，③鸭嘴夹，④宝美奇发蜡，⑤TIGI发蜡棒，⑥发卡，⑦发胶。

造型关键词：①光滑，②饱满。

01

用22号电卷棒平烫头发。将头发分成前后两个区。

02

在后区顶部分发片，进行倒梳。

03

用鸭嘴夹将后区的头发固定在枕骨处，让后区的头发形成饱满的弧度。

04

在后区左侧分出一束发片，做成横向的外翻卷并固定。

05

在后区右侧分出一束发片，做成横向的外翻卷并固定，与上一束头发形成层次感。

06

将剩余的发片以同样的手法处理并固定。

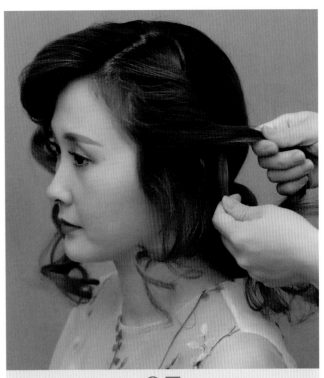

07

将前区左侧的头发编两股添加辫，与后区的卷筒衔接并固定。

08

将右侧的刘海以同样的手法处理。整理好刘海的发丝。

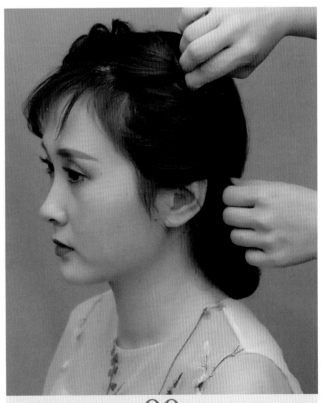

09

根据左右两侧发辫的纹理进行抽丝。最后戴上饰品。

复古新娘造型 8

造型的技法：①做蝴蝶结，②内扣。

造型的工具：①19号电卷棒，②气垫梳，③宝美奇发蜡，④TIGI发蜡棒，⑤发卡，⑥发胶。

造型关键词：①俏皮，②可爱。

01

用19号电卷棒平烫头发。在刘海正中间取出一片头发。

02

用橡皮筋固定发片根部的半圈头发，做出半个蝴蝶结的形状。

03

将剩余的发尾用橡皮筋做出蝴蝶结的另一半。

04

在刘海区右侧继续取发片。

05

以同样的手法制作出半个蝴蝶结的形状。

06

用发尾做出蝴蝶结的另一半。

07

在顶区的左侧取出一片发片。

08

用橡皮筋固定发片的根部，做出半个蝴蝶结的形状。

09

用发尾做出蝴蝶结的另一半。

10

将后区的头发扎成高马尾。

11

从马尾中取出一半头发。

12

保持所取头发发尾的卷曲度，将其与刘海区的头发衔接。将剩余的一半头发反向内扣，形成半个拧包并固定。

13

取下鸭嘴夹，然后整理好纹理。接着戴上饰品。

14

正面完成后的效果展示。

复古新娘造型9

造型的技法：①外翻卷，②两股拧绳，③编三股辫。

造型的工具：①22号电卷棒，②气垫梳，③鸭嘴夹，④宝美奇发蜡，⑤TIGI发蜡棒，⑥发卡，⑦发胶。

造型关键词：①干净，②整洁。

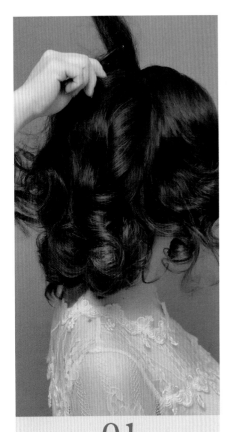

01

用22号电卷棒平烫头发。将头发分成前后两个区。将后区顶部的头发倒梳，以使其蓬松。

02

用鸭嘴夹将后区的头发固定在枕骨区，要注意发包的饱满度。

03

将前区的头发分为三部分：左区、右区和顶区，分别用鸭嘴夹固定。

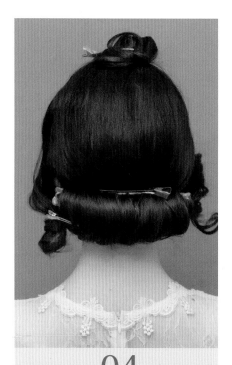

04

将后区头发的发尾以外翻卷的手法处理并固定在枕骨处。

05

根据烫卷的纹理用鸭嘴夹固定左侧的头发。

06

右侧以相同的手法处理并固定。将发尾用两股拧绳的方式处理，将其固定在卷筒上。

07

将左侧发尾用同样的手法处理，并固定在卷筒上。

08

将顶区刘海编成三股辫，然后沿着前后分区的分界线向右拉，固定在卷筒上方。

09

喷发胶定型，然后取下鸭嘴夹。戴上饰品。

复古新娘造型10

造型的技法：①内扣卷筒，②拧绳。

造型的工具：①22号电卷棒，②气垫梳，③宝美奇发蜡，④TIGI发蜡棒，⑤发卡，⑥发胶。

造型关键词：①纹理感，②饱满。

01

用22号电卷棒平烫头发。将头发分为前后两个区，将刘海三七分。在后区顶部左侧分出发片，做成内扣卷筒并固定。

02

继续分发片，采用同样的手法做成内扣卷筒并固定，注意衔接要自然。

03

用同样的手法将后区剩下的头发全部做成内扣卷筒并固定。注意卷筒的大小和位置。

04

在前区左侧斜向取发片，以内扣卷的手法处理并固定，与后区自然衔接。

05

将前区右侧的头发斜向分为三片。

06

将三片头发依次拧转并固定，注意将发尾隐藏好。最后戴上饰品。

复古新娘造型11

造型的技法：①手摆S形波纹，②做连环卷筒。

造型的工具：①22号电卷棒，②气垫梳，③鸭嘴夹，④尖尾梳，⑤宝美奇发蜡，⑥TIGI发蜡棒，⑦发卡，⑧发胶。

造型关键词：①优雅，②端庄。

01

用22号电卷棒平烫头发。将头发分成前后两个区，将刘海三七分。将右前区的刘海用鸭嘴夹竖立固定。

02

用手摆出第一个波纹，用鸭嘴夹将其固定。

03

用手摆出第二个波纹，用鸭嘴夹将其固定。注意发片的纹理。

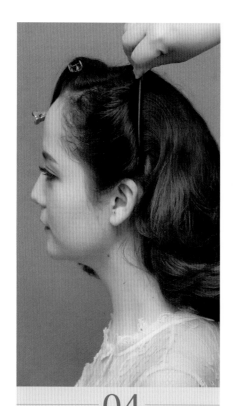

04

将左侧刘海发片用尖尾梳推出波纹。

05

在波纹的凹陷处用鸭嘴夹固定。

06

将后区的头发扎成低马尾。

07

继续将左侧区的头发用手摆出S形纹理。

08

将右侧刘海的发尾顺着烫发纹理固定在马尾右侧，与后区马尾结合在一起。

09

将后区马尾分成两片，将其中一片做出不规则的连环卷筒。

10

将剩余的头发以相同的手法做出不规则的连环卷筒。戴上大气的皇冠饰品。

复古新娘造型12

造型的技法：①做连环卷筒，②编两股添加辫。

造型的工具：①22号电卷棒，②气垫梳，③发卡，④鸭嘴夹，⑤宝美奇发蜡，⑥TIGI发蜡棒，⑦发胶，⑧19号电卷棒。

造型关键词：①饱满，②光滑。

01

用22号电卷棒平烫头发。将头发分成前后两个区，将刘海三七分。

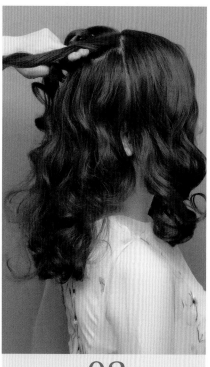

02

在后区顶部分出一束发片，用手指配合做成一个卷筒，用发卡固定。

03

用同样的手法继续分出发片，做成连环卷筒并固定。

04

继续斜向或垂直分发片，做成连环卷筒并固定，用鸭嘴夹固定缝隙处。

05

用两股添加辫的手法将左侧的头发编好，然后将发辫固定在枕骨处。

06

用同样的手法处理右侧的头发，将其固定在枕骨处。注意留出一缕刘海发丝。

07

将剩余的发尾外翻拧转，将其固定在枕骨处。

08

使其形成不规则的卷筒造型。

09

用19号电卷棒将留出的发丝烫卷并摆放好。最后戴上饰品。

复古新娘造型13

造型的技法：①手摆S形波纹，②拧绳。

造型的工具：①22号电卷棒，②气垫梳，③鸭嘴夹，④宝美奇发蜡，⑤TIGI发蜡棒，⑥发卡，⑦发胶。

造型关键词：①简约，②大气。

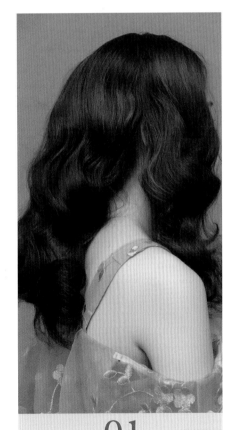

01

用22号电卷棒平烫头发。将头发分成前后两个区，将刘海三七分。

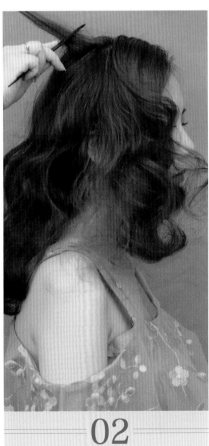

02

将后区顶部的头发分发片倒梳，使其饱满、蓬松。

03

将前区左侧和后区的头发扎成低马尾。

04

用鸭嘴夹支撑起右侧的刘海根部，喷发胶定型。

05

取部分刘海。

06

将发尾固定在马尾的橡皮筋上。

07

再取一部分刘海，用手摆出S形波纹，用小鸭嘴夹固定。

08

将剩余的刘海进行拧绳处理，然后重叠固定在马尾的橡皮筋上。

09

取下鸭嘴夹。最后戴上饰品。

复古新娘造型14

造型的技法：①内扣，②拧绳。

造型的工具：①22号电卷棒，②气垫梳，③鸭嘴夹，④宝美奇发蜡，⑤TIGI发蜡棒，⑥发卡，⑦发胶。

造型关键词：①端庄，②柔美。

01

用22号电卷棒平烫头发。将刘海区的头发三七分。

02

在刘海正中间分出一束发片。

03

将发片倒梳。

04

将倒梳好的刘海内扣并固定在额头位置，用鸭嘴夹将其固定。

05

将内扣的发尾以打圈的手法固定至刘海的右侧。

06

将剩下的头发扎成高马尾。

07

将马尾以顺时针方向拧转。

08

将马尾拧转，以内扣的手法处理并固定在后区的顶部。

09

继续拧转发尾。

10

以顺时针方向固定发尾，用鸭嘴夹连接缝隙处。

11

将剩下的发尾向后固定，以形成一个光洁的花苞。

12

取下鸭嘴夹，用发卡对头发加固。戴上饰品。

复古新娘造型15

造型的技法： ①拧包，②拧绳。

造型的工具： ①22号电卷棒，②气垫梳，③鸭嘴夹，④宝美奇发蜡，⑤TIGI发蜡棒，⑥发卡，⑦发胶。

造型关键词： ①贤淑，②温婉。

01
用22号电卷棒平烫头发。将刘海中分。

02
用气垫梳梳出蓬松的纹理效果。

03
将后区的头发扎成高马尾。

04

用橡皮筋在马尾中间位置固定，然后将马尾反向拧转至顶区中间。

05

将马尾做成赫本造型的形状。

06

用剩下的发尾遮挡住橡皮筋。

07

将最后剩下的发尾拧转成单卷，用鸭嘴夹固定。

08

倒梳左侧的刘海。

09

将刘海头发梳理光洁后用鸭嘴夹固定。

10

将剩余的发尾拧绳并固定在赫本造型的前面。

11

将右侧刘海以同样的手法处理并固定。喷发胶定型。

12

取下鸭嘴夹。戴上中式饰品。

复古新娘造型16

造型的技法： ①8字拧转，②拧绳。

造型的工具： ①22号电卷棒，②气垫梳，③宝美奇发蜡，④TIGI发蜡棒，⑤发卡，⑥发胶，⑦鸭嘴夹。

造型关键词： ①端庄，②整洁。

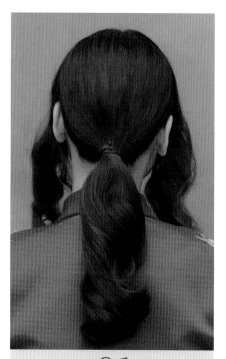

01

用22号电卷棒平烫头发。将刘海中分。将后区的头发倒梳蓬松并扎成低马尾。

02

在马尾中分出一束发片,用8字拧转的手法处理。

03

将做好的发卷在左侧耳后用鸭嘴夹固定。

04

继续在马尾中分出发片,然后用8字拧转的手法处理并固定。注意发卷的大小和位置。

05

后区造型完成后的效果展示。

06

将左侧刘海区的头发梳理光洁。

07

在耳后将头发进行拧转。将发尾以8字拧转的手法处理，用鸭嘴夹固定在发卷的下方。

08

右侧刘海区的头发以同样的手法处理。

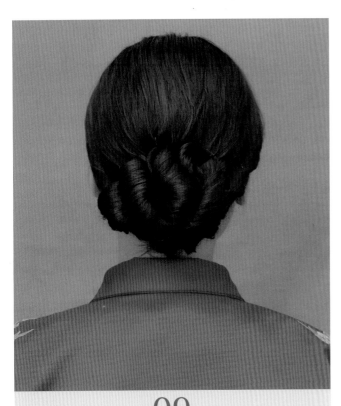

09

取下鸭嘴夹，用发卡固定。注意造型要干净、整洁。

10

戴上饰品。完成造型。

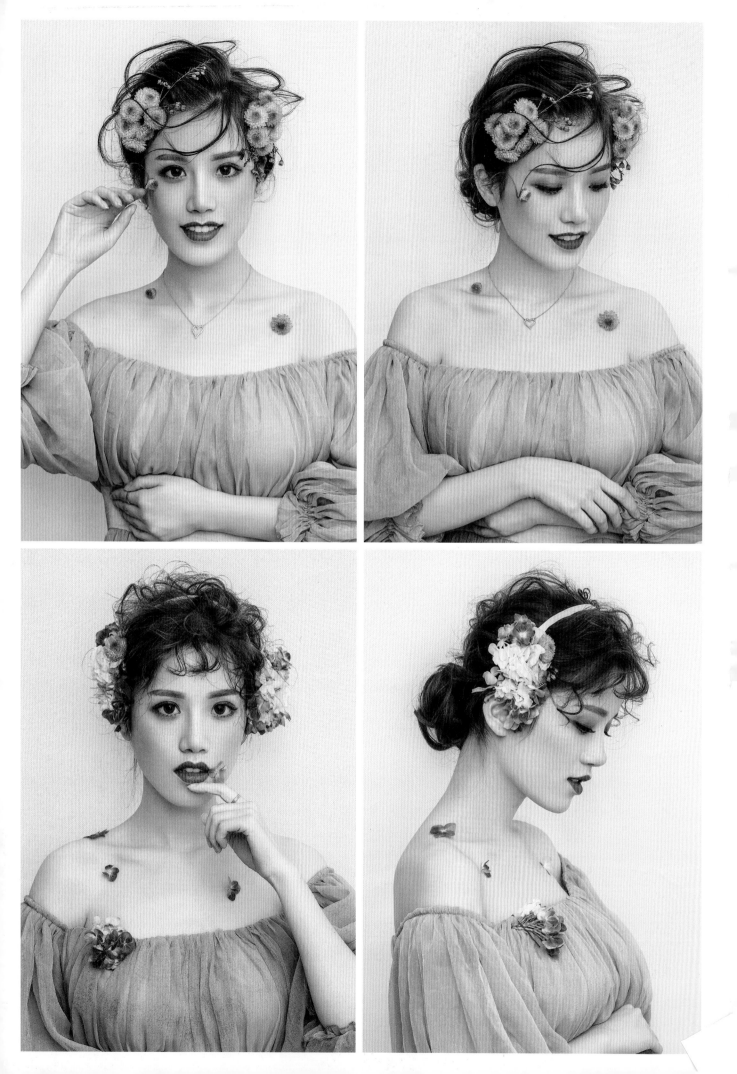